わが子からはじまる
クレヨンハウス・ブックレット　006

犠牲」を誰が決めるのか

哲学者
高橋哲哉　聞き手・落合恵子

本書は、２０１１年10月９日に行われた対談をもとに、11月末日現在の状況やデータに基づき加筆、修正のうえ再構成したものです。

クレヨンハウス

はじめに

19世紀ドイツの哲学者ヘーゲルは、世界の歴史を眺めて不思議の感に打たれたと言います。時代から時代へ、世界史の祭壇には膨大なひとびとの「犠牲」が捧げられてきたけれど、それはいったい何のためなのか、と。ヘーゲルの出した答えはこうでした。それは「進歩」のためなのだ、と。「戦争と虐殺の世紀」と言われた20世紀には、ヘーゲルの見ていたものよりもさらに何倍もの犠牲者が歴史の渦に呑みこまれていきました。二度の世界大戦、ナチスによるユダヤ人大虐殺、広島・長崎への原爆投下……こうした歴史が生み出した甚大な犠牲が人類の「進歩」のためだとは、わたしたちはもはや考えません。しかし、にもかかわらず、全体の利益のためには一部のひとびとの犠牲はやむを得ない、必要だとする考え方は、現代社会にもしぶとく生き残っているように思われます。

福島第一原子力発電所の事故でわたしが考えたのは、原子力発電というシステムそのものが、そのような「犠牲のシステム」ではないか、ということでした。今回の事故では、多数の福島県民が健康、財産、生活を破壊されました。東京電力の原発が福島や新潟に立地していること自体、大事故のリスクを地方に負わせ、地方の犠牲のうえに大都市圏の繁栄が維持されてきたことを示しています。事故がなくても被ばくが避けられない原発労働者の犠牲、原料のウラン採掘に伴う被ばくの犠牲、原発からの放射性廃棄物による被ばくのリスクなど、原発は内と外に何重もの犠牲を想定しなくては成り立たないシステムなのです。わたし自身、福島原発事故が起きるまでは、チェルノブイリ事故などを同時代に知っていたくせに、原発に組みこまれた犠牲を突きつめて考えることをしていませんでした。福島で生まれ育った人間なのに、故郷がそんな大きな危険にさらされているとの自覚もなく、ただ福島原発からの電力を享受するだけの人間になっていました。わたしたち市民の一人ひとりが、自分たちの生活を成り立たせている社会システムにもっと関心をもち、誰かの利益のために誰かが犠牲になってはいないか、それを見分ける眼力と批判力を身につけていかなければ、今後もこの種の犠牲は止むことがないだろうと痛感させられました。

本書は、落合恵子さんとわたしとの対話の記録です。対話のきっかけは、クレヨンハウスの「原発とエネルギーを学ぶ朝の教室」で講演させていただいたことでした。落合さんは、わたしが事故発生後はじめて福島の被災地を訪ねて書いた「原発という犠牲のシステム」という論考に注目し、原発の専門家でもエネルギーの専門家でも放射線問題の専門家でもないわたしを、あえて講演に呼んでくださったのです。「犠牲のシステム」で「誰が犠牲になるのか」を決定してきたのは、いつも強者であり権力者でした。一貫して弱い者の立場からものを考え発言してこられた落合さんと対話させていただくことで、わたしの論点もより明確になったと感じています。この場を借りて落合さんとクレヨンハウスの皆さんに感謝の意を表します。

第1章　子ども時代を奪った福島第一原発の事故

●東日本大震災が起こって

落合　２０１１年3月11日、宮城県沖を震源地とする東日本大震災（マグニチュード9・0）が起こり、それによって引き起こされた福島第一原子力発電所（図１）の暴走（＊１）を目の当たりにして、わたしは立ちすくみ、しばらくの間、ことばを失いました。驚き、無念さ、憤り、恐怖、そうして自己嫌悪が、いまもずっとわたしのなかにあって、グルグルと回り続けています。

高橋さんは、今回の原発事故をどのように受けとめられましたか。

高橋　わたしも大きな衝撃を受けて、その後１週間はテレビにくぎづけになりました。そうしたなかで、「原子力緊急事態宣言」（＊２）が発令され「福島はどうなるのだろうか」と、心配で何も手につきませんでした。

その後、電力会社や政府の対応を見ていると、避難を余儀なくされた地域のひとびとだけで

図1／福島県の地図と、福島第一原子力発電所の位置

なく、低線量の被ばくにさらされている膨大な数のひとびとが見捨てられているのではないかという疑惑が、自分のなかで日増しに大きくなっています。

落合　わたしども子どもの本の専門店クレヨンハウスでも、これまでスリーマイル島原発事故（＊3）や25年前にチェルノブイリ原発事故（＊4）が起こったときには特に、高木仁三郎さんたちを講師にお迎えして、「原発について勉強をしましょう」と呼びかけ、勉強会を立ち上げたり、書店としてもいろいろな企画を続けました。しかし、いま思えば、ゆるすぎた。エネルギーが持続しなかった。沖縄の基地問題や憲法、教育基本法改変や、さまざまな問題があり、いつしか優先するものがわたしのなかで変わっていたのではないかと、深く深く反省しています。それらのどれもが、じつは共通するものを持つテーマですが。

（＊1）　福島県双葉郡大熊町と双葉町にまたがる東京電力福島第一原子力発電所で起こった原発事故。炉心溶融や水素爆発が起こり、放射性物質が拡散、原発から半径20㎞圏内は立ち入り禁止となり、周辺住民は避難した。経済・交通・食生活・健康など、多方面に深刻なダメージを与え、いまも事故の収束に向けた作業が行われている。

（＊2）　原子炉の損傷や基準値以上の放射線量が検出されるなどの非常事態に、内閣総理大臣が原子力災害対策特別措置法に基づき発するもの。これによって内閣総理大臣は、対策本部を置き、国の機関、自治体、原子力事業者などを直接指揮することができる。

（＊3）　1979年に、アメリカ・ペンシルベニア州スリーマイル島の原子力発電所で起きた事故。国際原子力事象評価尺度では「レベル5」。

（＊4）　1986年に、旧ソ連（現在のウクライナ）のチェルノブイリ原子力発電所で起きた事故。高濃度の放射性物質によって汚染され、現在も半径30㎞圏内は居住禁止となっている。国際原子力事象評価尺度では、今回の福島原発事故と同じ、最も深刻な「レベル7」。

●被ばくと家族の崩壊に苦しむひとびと

高橋　福島では4月に、それまで法律で年間1ミリシーベルト以内と定められていた年間被ばく限度量が、20ミリシーベルトまで引き上げられました。大人だけではなく子どもに対しても20ミリシーベルトと、それまでの20倍を許容することになってしまいました。しかし、それが国民的な議論にならないのは不思議です。

落合　学校の利用をめぐる放射線量の基準については、福島の方々をはじめとして多くの反対にあい、当時の文部科学大臣は、「1ミリシーベルト以下をめざす」と発言しました。しかし、計画的避難区域の20ミリシーベルトの基準は撤回されていません。

高橋　努力目標が1ミリシーベルトなら、20ミリシーベルトという基準は一体何なのかという疑問が残ります。

　おそらく厳しい基準をとった場合、いまは避難指示の対象になっていない福島市や郡山市などに暮らすひとたちを、避難させて補償しなければならなくなります。そのコストを計算して基準を20ミリシーベルトに決めたとも考えられます。だとすれば、福島の子どもたちが、経済優先のために被ばくさせられている、あるいは見捨てられていると言わざるを得ません。

資料1／2011年5月1日、高木義明前文部科学大臣（中央）に、校庭などの放射線対策を要望する瀬戸孝則福島市長（左奥）たち。

提供／PANA通信社

京都大学原子炉実験所の小出裕章さん（＊5）も『Q&Aで一気にわかる脱原発の教科書』（原子力安全廃絶研究会／編　洋泉社／刊）の中で、一般人の立ち入りが禁止されている放射線管理区域に、福島県全体がもうなってしまっている、都市部を含めて膨大な規模の避難をしなくてはならなくなるから、避難地域を区切っているのだ、と述べています。

落合　震災からちょうど3ヶ月たった6月11日、広島の原爆ドームの前で、うのさえこさんとおっしゃる福島の女性、4歳の娘さんの母親でもあるのですが、スピーチされました。「チェルノブイリ事故後、強制避難区域となった地域と同じレベルの汚染地域で、ひとびとが普通の暮らしをするように求められています」と（＊6）。

　避難しているひとたちや、もろもろの事情で避難できないひとたち。どちらも、このうえなく苦しく、身を削られるような日々のなかに置かれています。子どもやおなかにいるあかちゃんのことを考えると、この国はこの国に暮らす者を非情にも見捨てているとしか思えません。

高橋　東北のひとは、口下手だとか、あまり自己主張をしないとか一般に言われています。メディアで報道されることば以外に、表現されていないものすごい苦悩があります。実際、震災後にわたしは何度も福島に足を運び、そのことを実感してきました。
たとえば、子どものいる家庭が避難するかどうかでとても悩まれています。避難指示が出れ

図2／3月15日時点での、自主的避難者数

地　　区	自主的避難者数
いわき地区	15,377人（人口比 4.5%）
相双地区	12,205人（人口比24.0%）
県中地区	6,448人（人口比 1.2%）
県北地区	5,062人（人口比 1.0%）
県南地区	1,062人（人口比 0.7%）
会　　津	102人（人口比 0.04%）
南 会 津	不明

福島災害対策本部の調査結果より

ば、その後がたいへんですが、とりあえず踏ん切りがつきます。でも、避難指示が出ないばかりに、自分たちの責任で決めなければならなくなった（図2）。

サラリーマンや自由業ならば、まだいいかもしれません。しかし、農業・観光業・畜産業など地元に根をおろして働いているひとたちは、避難すれば仕事ができなくなります。そういう事情で避難できない親が、自分たちの決断で子どもを被ばくさせていると、罪悪感を持たされてしまうのです。

「避難する、しない」で意見が対立し、精神的にも物理的にも家族がバラバラになることもめずらしくありません。深刻なケースでは、夫婦が衝突し、「原発離婚」に発展することもあるそうです。

落合　地域も家族もこうして分断されていくのですね。どちらを選んでも、明日が見えなくされた現実があります。その一方で、東京では「うちの子の食べるものが、放射能に汚染されていなければいい」で終わってしまうケースもあります。「うちの子」からはじまるのは自然なことですが、それを越えてつながりたいと切に望みます。

物理的な距離があるせいか、西日本との温度差を感じることもあります。市民が分断されて喜ぶのは誰なのか、糾弾されるべき責任から逃れられるのはどこなのかという、まっすぐな問いを、わたしたちは絶えずしていかなければいけませんね。

（＊5）　京都大学原子炉実験所助教。今回の原発事故が起こる前から、原子力工学の専門家という立場で、反原発の姿勢を貫いている。小出裕章さんの子どもに向けたご著書『ある原子力発電研究者小出裕章さんのおはなし（仮題）』はクレヨンハウスより刊行予定。

（＊6）　このスピーチをもとにしたブックレット『目を凝らしましょう。見えない放射能に。』が、絵本作家・いせひでこさんの絵でクレヨンハウスより発売中。

●格差を生んだ歴史を超える「ｒｅの視点」

高橋　戦後の日本は、利益誘導によって企業が国政と結びついてきました。その「利益」は何かというと、公共工事の予算を使って、インフラをつくることです。原発も最大の利権のひとつでした。原発が立地することで地元に交付金（＊7）などの経済的な利益がもたらされますが、その魔力はものすごいものです。ですから、今回のような大惨事が起こっても、その後の選挙で原発推進派の知事が当選したりするのです。玄海原発のある佐賀県もそうですし、北海道の泊原発の運転再開を認めた高橋知事もそうでした。山口県上関の町長選挙でもそうでした。

落合　もし、その利益誘導の魔力を超えるものがあるとすれば、それは何だと考えられますか？

高橋　ひとつ言えることは、お金の魔力が通用するのは、東京や大阪の大都市ではなく、過疎地だけだということです（図３）。そこまで過疎地が経済的に追い込まれる状況をつくってしまった、戦後日本の歴史をさかのぼって考えなくてはなりません。近代化と経済成長は、これまでイコールで考えられてきましたが、そうではなかった。

　みんなが豊かになったと思った時期もあったけれど、結局、格差が生じてしまいました。経済成長を重視しすぎたために、人生を生きるうえで本当に価値があるものは何か、を置き去りにしてきた。そのような歴史を反省する必要があると思います。過疎地が原発を誘致せざるを得なくなった日本の歴史や構造を考えなければ、本当の問題は見えてきません。

落合　机上の論になることを恐れますが、わたしは１９８０年代から「ｒｅの視点」という姿勢のなかに、どんなちいさな針穴でもないかと、考えてきました。

図3／日本の原子力発電所

現在日本では計54基の原子力発電所があり、2011年12月26日現在、6基が稼働中。関東地方で使う電気の約4割は新潟県・福島県の原発で、関西地方で使う電気の約半分は福井県の原発でつくられている。地図外の沖縄県には原発はない。

参考…原子力資料情報室「日本の原子力発電所・核燃料施設の地図」(2010年5月)
㈶日本原子力文化振興財団サイト・あとみん「日本の原子力発電所」(2010年3月)

クーヨン2011年6月号より

男性社会の象徴が権力であるならば、それを解体するためには、re-think や re-look など、「ｒｅ―し直す―」の視点を入れていかなければ実現できないのではないか、と。そしてそれを、さらに深めてゆく視点です。

「一極集中」と「孤立死」が混在する社会のありようや、日本に南北問題のような格差が生じてしまったことも、「ｒｅ」の視点から問い直すことで、ほんのちいさな針穴かもしれないけれど、それを通して見えるものがあるのではないか、とささやかな希望を抱いているのです。

でも、現在も福島に苦しんでいるひとたちがいて、子どもたちが被ばくし続けている現実を思うと、机の上でことばだけを動かして切りはりしているだけの気もして、憤りとむなしさを覚えます。けれど、いままで社会を動かしてきたものと違う、ひとの生活やこころを支える柔らかなベースのようなものが必要だということは、痛感しています。

（＊7）１９７４年に制定された「電源開発促進税法」、「電源開発促進対策特別会計法」、「発電用施設周辺地域整備法」を総称して「電源三法」と言い、これに基づいて、電源開発が行われる自治体に対し、補助金が交付される（電源三法交付金）。水力発電、地熱発電なども対象となっているが、ほとんどが原子力発電関連の自治体に交付されている。

●原発誘致のかげに、交付金と政治家のすがた

落合　一時期、原発を誘致した福島の自治体で暮らす住民に対して「原発のために交付金を手

にしているじゃないか」といった、こころない声があがりました。そのようなやり方で、巧妙な市民の分断が進められているのかと思うと、身震いがします。

高橋　経済の問題は複雑ですね。

原発が過疎地に集中していることと、沖縄に米軍基地が集中していることは、とても似ているようにわたしは考えます。戦後日本の安全保障が日米安全保障体制（＊8）であるならば、米軍を日本に置く説明はつきますが、なぜ沖縄が過剰に基地を負担させられなければならないのかの説明はつきません。

落合　日本の米軍基地の75％は、沖縄県にあります。

高橋　戦後日本の「犠牲のシステム」（第二章参照）のひとつとして、沖縄がスケープゴート（いけにえの山羊／本来の原因から責任を転嫁するための身代わり）になっていると言えます。沖縄と福島の大きな違いは、自治体が誘致して受け入れているかどうかです。

沖縄の米軍基地の場合は、それこそ米軍が「銃剣とブルドーザー」のたとえのように、一方的に居座ってしまい、それが今日まで続いている状況です。

福島第一原発の場合は、大熊町と双葉町の自治体が誘致したという経緯は否めません。福島

資料2／沖縄県宜野湾市の住宅地上空を、低空で飛行する普天間基地所属のヘリコプター。

提供／PANA通信社

県は戦前から水力発電で首都圏に電力を供給してきたので、住民にも「首都圏に電力を供給している、国策に貢献している」という認識が根づいているのでしょう。原発の積極的な誘致に加わった知事や代議士もたしかにいました。原発を建設すると、立地の自治体だけではなく、県にも交付金が入ってきますから。そのような政治家たちの責任も否定できないと思います。ただ、もし仮に交付金を求めたのだとしても、まず安全が大前提です。

落合　たぶん、多くの住民は、くり返された「安全神話」を信じたのだと思います。いまとなっては、根拠のない神話にすぎなかったとわかりましたが……。

誘致した地域に暮らすひとたちに対する中傷があること、そのように仕向けられることに、この社会の、底知れぬ恐ろしさを感じます。「自己責任（＊9）」という、あの不快な切り捨て方を想起させます。

（＊8）１９５１年に署名された旧安保条約と、それに代わるものとして１９６０年に署名された新安保条約（日本国とアメリカ合衆国との間の相互協力及び安全保障条約）に基づく体制。新条約で、引き続き、日本および極東の安全保障のために、アメリカ軍が日本に駐留することを認めている。

（＊9）２００４年にイラクで日本人人質事件が起こった際、人質に対し、イラクからの退避勧告を出しているのだから、自己責任の原則を自覚してもらいたい、といったコメントを複数の政治家が出した。特にこれ以降、本来であれば他者に対して責任を負うべき立場にいると考えられるひとが、「自己責任」ということばを使い、自らの責任を逃れるようなときに使われるようになった。

●子ども時代を奪った大罪

高橋　わたしは福島出身なので、もし自分がいた頃に原発事故が起こっていたらどうなっていただろうかと考えてしまいます。

生まれた港町を、被災後に訪ねてみましたが、町は津波でがれきの山になっていて、原発からの汚染水で漁が一切できないということでした。父の仕事の関係で、県内を転勤してまわり、小学生時代は福島第二原発の立地する富岡町に住んだことがありました。福島第一原発からも近いので、残念ながらいまは警戒地域になっていて、立ち入りが禁止されています。

子ども時代に福島で育ったことは、振り返ってみれば、とてもしあわせなことだったと思います。東北の豊かな自然がまわりにあり、田んぼや畑、森や林があって、海辺へ行けばすぐに泳ぐことができました。

会津にいた頃は、小川にいっぱいいたオタマジャクシをいつまでも眺めたり、冬になると家のすぐ裏でスキーをしたりしました。ちいさな町や村だけれども、住民たちが肩をよせ合って暮らしていた。子ども時代に、福島の自然豊かな田舎で育ったという思い出が、いまのわたしを支えていると思います。

落合　わたしは奥会津を走る只見線の中で、「このあたりの春は、木綿糸1本ではじまるんだ」

とお年寄りに教わりました。どういうことかたずねてみると、木綿糸1本ほど雪が割れて、下から地面がだんだんと現れて、それが春がやってくる兆しであるということでした。

そういう生き方を前の世代から受け継いできた方たちの子ども時代の思い出や、郷里の思い出というものは、ある意味、ひとがひととして生きていくうえでの、記憶のシェルターのような役割を果たしてくれます。『長くつ下のピッピ』を著したアストリッド・リンドグレーンも、「私は職業で人を判断しません。その人が昔はどんな子どもだったかで、人を見るのです」（『平和をつくった世界の20人』ケン・ベラー、ヘザー・チェイス／著　佐久間和子ほか／訳　岩波ジュニア新書）と言っています。いま、福島の子どもたちが、どのような子ども時代を生き、そして記憶に残るかを考えると……。

高橋　ふるさとを追われるように都会へ出てきたひともいるので、ふるさとが誰にとってもシェルターになるとは言い切れませんが、だからこそ、シェルターになるふるさとを持てた人間はしあわせですし、どんなことがあってもふるさとが支えになるのだと思います。そのようなことを考えますと、今回の原発事故では、たいへんな罪がおかされてしまったと思えてなりません。

落合　去年、福島を訪れたときに、ひとつの光景を目にしました。祖父であろうひとがあぐらをかいたなかに孫がすっぽりとおさまって、裏庭に小菊が咲きみだれているのを眺めていました。何でもない日常のなかのひとコマですが、あのおだやかな光景が存在しなくなったことは、本当に大きな罪だと思います。

高橋　今回、報道でもたびたび焦点があてられてきた飯舘村は、原発から離れていますし、NPO法人「日本で最も美しい村」連盟にも属していました。ほかと同じように過疎地の問題がありましたが、ゆったりと自然と共生していくような村、新しい暮らし方をつくっていこうという意欲的な取り組みをしていました。都会からUターンやIターンをして、農業や畜産をはじめるひとも結構いたそうです。そのようななかで、ある日突然「放射線量が高いから」と言われて、村民6200人がみんな避難しなければならなくなった。どんなにくやしかったことだろうと思います。

資料3／震災前の福島県相馬郡飯舘村の風景。自然豊かな土地で暮らすために、
都会からこの村に移住したひとたちもいた。

提供／村上真平

第2章
「犠牲のシステム」について考える

●原発は誰かの「犠牲」のうえに成り立つシステム

落合　原発事故の問題は、時がたてば解決するものではなく、時がたてばたつほど厳しくなっていくかもしれないという現実があります。そこで「いま、必要なものは何だろう」と考えたときに、たとえば「さようなら原発1000万人アクション」（＊10）のような取り組みもあるとは思いますが、ベースがないと長続きしないのではないか、一過性のものになるのでは、という不安があります。

　そのとき、頭に浮かんだのが「哲学のようなもの」という漠然とした思いでした。わたしは哲学を勉強したことはありませんが、哲学をもし「より考えること、自分が考えたことをより深めること」だと仮に定義づけるならば、これからの日常や活動にあったほうがよいもののひとつが、「哲学」ではないかと思います。高橋さんは哲学者でいらっしゃるのですが。

高橋　哲学を研究してきた人間のはしくれとして言えば、以前からわたしは「犠牲」というも

資料4／2011年9月19日、脱原発を掲げたデモに、東京都新宿区の明治公園には約6万人が集まった。

写真撮影／月刊[クーヨン]編集部

のに関心を持ってきました。そのきっかけになったのが、１９９０年代にあらためて問題提起された日本の戦争責任です。日本軍の「慰安婦」（＊11）となった方たちの賠償問題などのように、半世紀以上もたつのに、傷がいやされずにいるさまざまなひとたちが訴えでてきました。その後に、小泉純一郎元首相の靖国神社参拝問題（＊12）が起こりました。

落合　「尊い犠牲」という、おかしなことばを使っていましたね。

高橋　まったくその通りです。昔から日本の政治家の多くは、「『尊い犠牲』のうえに戦後日本の平和と繁栄があるのだ」と、演説やスピーチで紋切り型に言ってきました。「慰安婦」にされたひとや、敵側や異民族の犠牲についてはほとんど問題にせずにこれまで来て、戦争に動員した自国民が死にいたった場合には、「尊い犠牲」として尊ぶというメカニズムができあがってしまった。この「尊い犠牲」とは一体どういうことなのだろうと考えました。それがきっかけで、わたしはこの社会や文化のなかで「犠牲」という観念がどのように働いているのか、関心を持ったのです。

　そのような視点から、今回の原発事故で被災したひとびとが、電力会社や国家によって見捨てられつつあるのではないか、また、その「犠牲」についての責任はどうなっているのかと考えました。そして、原発というシステム自体が、そもそも犠牲を想定しなければ成り立たないシステム、つまり「犠牲のシステム」になっているのではないかということに、思いいたったのです。

落合　犠牲のシステムについては、高橋さんはご著書、『国家と犠牲』（日本放送出版協会／刊）などでも書かれていらっしゃいますね。「犠牲のシステム」がなければ成り立たないものを、この社会に成立させてもよいのかを考えたときに、原発をどうすべきかの答えは自ずと見えてくるはずです。

「週刊現代」10月22日号に、亡くなった福島原発作業員の方に派遣元の社長が50万円を支払おうとしたという記事が載っていました。この記事のとおりだとすると、こういうかたちでひとの生が断ち切られることに目をそらしてきた、スルーしてきたのが、この国とわたしたちのあり方なのかと、がく然とさせられます。

このような事故を語るとき、わたしたちも原発推進派のひとたちも、同じように「原子炉で働いている方の犠牲」などと表現します。しかし、同じ「犠牲」ということばを使っているけれど、意味はそれぞれにまったく違いますし、見えている景色もまったく違うと思います。

そして、そもそもこの「犠牲のシステム」とは？　と、高橋さんが指摘されている視点までいかずに、ふたをされやすい。

原発というシステム自体が、
そもそも犠牲を想定しなければ成り立たないシステム、
つまり「犠牲のシステム」になっているのではないか
ということに、思いいたったのです。 —— 高橋

「犠牲のシステム」がなければ成り立たないものを、
この社会に成立させてもよいのかを考えたときに、
原発をどうすべきかの答えは自ずと見えてくるはずです。—— 落合

（＊10）原水爆禁止日本国民会議の「さようなら原発1000万人アクション」実行委員会による脱原発のためのデモ、署名などの活動。内橋克人、大江健三郎、落合恵子、鎌田慧、坂本龍一、澤地久枝、瀬戸内寂聴、辻井喬、鶴見俊輔（敬称略）が呼びかけ人となる。

（＊11）第二次世界大戦当時、旧日本軍が現地の女性を連行し、軍人らへの性的労働を強いる「慰安婦」にしたとして、社会問題化している。

（＊12）太平洋戦争のA級戦犯も合祀されているなど、さまざまな点で問題とされている靖国神社に、小泉純一郎元首相が総理在任中、毎年参拝したことで、日本の戦争責任に対する認識が不充分だといった批判が、中国や韓国などから相次ぐなど、大きな議論を呼んだ。

● そもそも「犠牲」とは何か？

落合　高橋さんは西洋哲学がご専門ですが、犠牲はさまざまなかたちで宗教とも関わってきたと聞いています。やはり西洋の歴史のなかでも、サクリファイス（犠牲）のようなものは存在したと。

高橋　ええ、ありました。本来、人間は生まれてから一定の寿命を生き、病気や老いによって自然死を遂げるものです。生命のサイクルのなかで、当然のこととして受け入れるしかありません。しかしなかには、災害死や戦死などの受け入れがたい死もあります。そうした受け入れがたい死、割り切れない死、非業の死などにサクリファイスということばが使われてきました。

とくに戦死などは、おぞましく、悲惨な最期を思い浮かべてしまいますが、「尊い犠牲であった」とか「国のための立派な死であった」と美化していくことで、残された人間はそれを何とか受け入れていきます。美しいものとして死を語り、宗教的には〝聖なるもの〟にすらなっていきます。犠牲とは、もともとユダヤ教で神に羊をささげる儀式のことなのです。

落合　犠牲の漢字は、羊の足が垂れているようすを表したものなのですね（図4）。

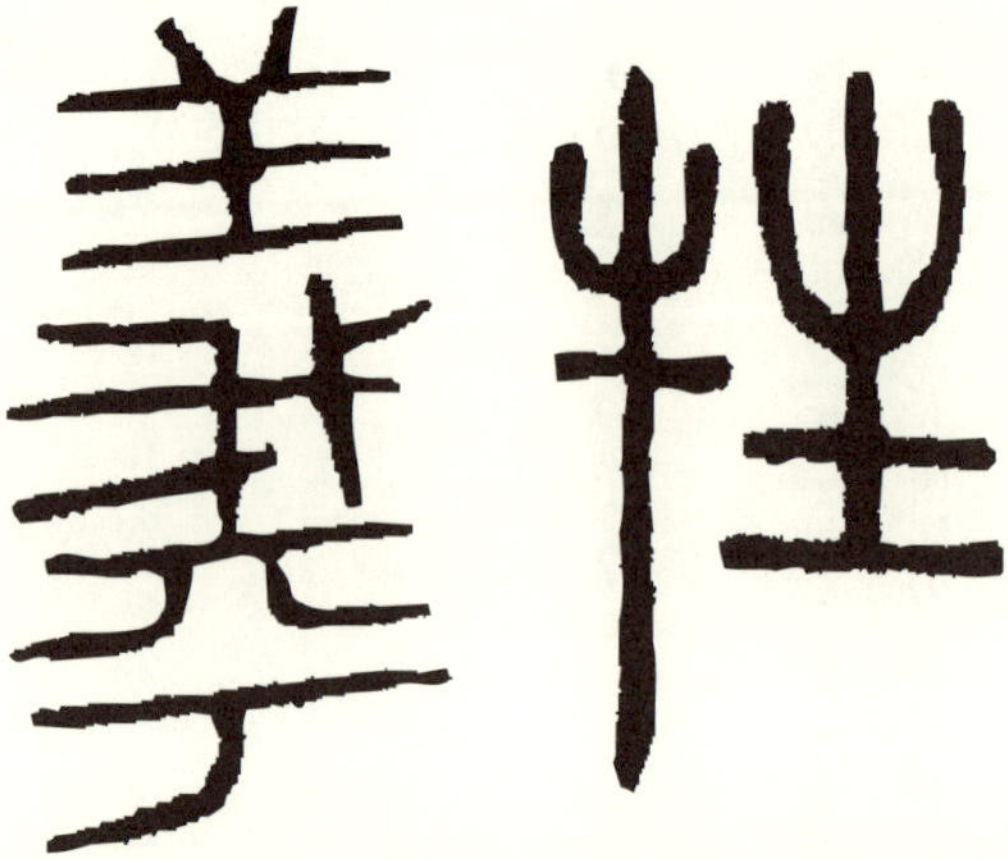

図4／「犠」（左）、「牲」（右）象形文字

高橋　そうです。ですから、中国でも犠牲をささげていたのです。サクリファイスには、「聖なるものにする」という意味があります。古代の宗教では、自分の罪を許してもらうなどのさまざまな理由のために、人間が神に動物をささげました。動物を殺すという血塗られた現実から、聖なるものが立ちのぼってくるかたちです。

　現代社会でも、戦死者が神として靖国神社に祀られていることが、典型的な例だと思います。自分の国を守る、あるいは御国に貢献するために亡くなったことにすれば、非業の死が、残された家族にとって、少しでも受け入れやすくなるだろうという仕組みです。

しかし、そうすることによって、亡くなったひとたちを動員した側の責任や、その戦争が何のために、誰のために行われて、どれだけのすさまじい犠牲を出したのかということが見えなくなってしまいます。まるで戦死することがよいことであるかのように、巧妙にすり替えられるのです。

今回の3・11でも、地震・津波については天災ですが、原発事故についても「想定外の天災」のせいだったという話に持っていきたいひとがいるようです。

とくに発言が印象的だったのは、日本原子力発電の社員だった原発推進派の与謝野馨元経済財政政策担当大臣です。「原発事故は神の仕業だ」（＊13）とまで言いました。多くのひとが被った被害に覆いをかぶせるような理屈がつくり出される可能性がありますので、注意しなければなりません。

（＊13）5月20日、閣議後の会見において、「（原発事故は）神様の仕業としか説明できない」と述べ、電力会社に事故の賠償責任を負わせるのは不当との考えを示した。

●生き残った人間だけが語りうる天罰論

落合　与謝野元大臣とはまた違った文脈かもしれませんが、石原慎太郎都知事も「今回の震災は天罰だ」という発言をしました。

高橋　めったに発言を撤回しないひとですが、今回は直後に撤回しましたね。ただし、著書『新・堕落論―我欲と天罰』（新潮社／刊）の中では撤回されていませんから、それをきっかけに自分の政治的な発言をしたかっただけなのかもしれません。戦後の日本は、物欲・金銭欲・性欲などの我欲だけに生きるようになってしまった。それはなぜかと言えば、「平和」のなかで暮らしてきたからだ、と……。結局は核武装論に結びついていきます。ですから、彼の「天罰」発言は、政治的な意図があるのではないかという気がするのです。

今回は、じつは都知事だけではなく、さまざまなひとがそれぞれの立場から天罰論を発言しています。仏教学者の末木《すえき》文美士《ふみひこ》（＊14）さんは、都知事の発言すべてを支持するわけではないけれど、戦後の日本が経済成長一辺倒の経済主義で、何か大切なものを忘れてきたことに対する警鐘として今回の天災があったとすれば、これを天罰と考えて反省のよすがとするためにはよいのではないか、と書いています。

また、イタリアのカトリック系歴史家ロベルト・デ・マッティさんは、進化論を否定して神の創造論を主張するひとですが、このひとも「天罰だ」と発言してイタリア国内で問題になりました。

時代をさかのぼると、１９２３年に関東大震災（＊15）が起きたときにも、やはりさまざまなひとが天罰論を展開しています。たとえば内村鑑三（＊16）は、雑誌に「天災と天罰及び天恵」を寄稿しました。その中で、地震自体は自然現象であって、地質学の原理で説明すべきだと認めています。ただ、それに出遭う人間によって受けとめ方が違ってくるので、天罰になったり天恵になったりする、と述べています。そして、彼の信仰心からだと思いますが、天罰が下ったのは「最近の日本人が道徳的に堕落してきたからだ」とも言っているのです。

彼はとても厳格な無教会派のクリスチャンでした。それで、日本が堕落し、とくに東京市民は腐敗しているから、関東大震災が天の罰として下った、亡くなった多くのひとびとは罪を償うための尊い犠牲だった、と述べています。

落合　当時、在日朝鮮人のひとたちが暴動を起こした、起こすのではないかという風評がたち、暴行や惨殺が行われたこともあったと聞きます（＊17）。それも「尊い犠牲」と呼ぶのでしょうか。

わたしは無宗教ですが、前掲のキリスト教者も仏教者も、答えを神仏に求めようとしているのでしょうか。

高橋　そのような一面はあると思います。大地震が起こったときに、本当は物理学や地質学で説明はできますが、人間のなかにはどうしてもそれだけでは治まらない部分があって、神や仏のような超越的なものに説明を求めてきたのではないかと思います。

注意しなければならないのは、そういう言説が社会的に持つ意味です。仮に戦後の日本が罰を受けるべきだったとしても、なぜ東北のひとたちが罰せられなければならなかったのか、そこにはまったく必然性がありません。わたしが思うのは、天罰論は、必ず生き残った者が語る論理だということです。

落合　生き残った者しか、それは語れない？

高橋　生き残った人間だけが語りうる、「自分の物語」です。天罰論を自分に対する罰であると思い、自分を反省するきっかけにすればよいのですが、そうではなくて「日本への罰」と言うのならば、なぜ亡くなったひとたちが犠牲を一身に背負わなければならなかったのか、説明がつきません。

（＊14）国際日本文化研究センター教授、東京大学名誉教授。「天罰論」を中外日報4・26号に寄稿し、物議をかもした。

（＊15）１９２３年9月1日、相模湾北部を震源地とし、M7・9、最大震度7を記録した。死者・行方不明者は10万人以上、被災者は約３４０万人。（東京市役所編『東京震災録　前輯』）

（＊16）思想家（１８６１〜１９３０年）。「非戦論」を主張し、社会批判や文明批評などを行い、多方面に影響を与えた。「天災と天罰及び天恵」は、『内村鑑三全集28』（岩波書店）に収められている。

（＊17）在日朝鮮人のひとたちが暴動や放火を行っている、井戸水へ毒を混入しているといったうわさが流れ、警察・軍隊ほか、民間の自警団によって、数百人から数千人の在日朝鮮人のひとたちが殺害されたと言われている。

●犠牲の範囲を決める権力者たち

落合　長崎県選出の久間章生元防衛大臣は、「9割のために1割が死んでいくのは、『尊い犠牲』だ」というような発言をしていました。このような言い方が重なれば重なるほど、何に責任があるのか、犠牲をなくすためにはどうしたらよいかという人間の思考も希望も、根こそぎ収奪されていくように思われます。そのための方便として「犠牲論」が使われているとしたら、いたたまれません。

高橋　その久間さんの発言は、いつも頭のなかにあります。防衛大臣を務めたという意味でも象徴的であり、日本の為政者が軍事的な安全保障を考えるときにどういう計算をするかが、この発言で、はしたなくも現れてしまいました。1割のひとが犠牲になっても9割が救われればいいのだという発想は、必ず生き残る側にいるひとの発言だと思いますし、決して正当化できません。

犠牲の範囲や、犠牲になるひとを誰が決めるのか、これは今回の原発事故においても同じこ

1割のひとが犠牲になっても
9割が救われればいいのだという発想は、
必ず生き残る側にいるひとの発言だと思いますし、
決して正当化できません。　　　　——高橋

とが言えます。今回、福島では、子どももふくめて年間20ミリシーベルトという新しい基準が簡単につくられてしまった。これまで存在していた法律を一方的に変えたのは政府です。やはり権力者が「犠牲」の範囲を決めているのです。

落合　まったくその通りですね。さらに進めば、1割が生き残るために9割が死んでもしかたがないという論だって起きかねません。助かる1割は、犠牲の範囲を決める権力者たち、支配層にいる者たちです。自分以外のひとが犠牲になっても、後で「尊い犠牲」論を持ち出して手を合わせればそれで済むという感覚があるのかもしれません、恐ろしいことです。

高橋　そのような風潮は、日本では戦時中にもありました。国体さえ護持できれば、1億玉砕してもいいという考えにまで、一度は行きついてしまった国です。落合さんの危惧が決して極論でないことは、この国の歴史が証明しています。それが怖いところです。

第3章　忘却していく日本人
～政治・メディア・学者の責任

●「まるで原発事故などなかったかのように」

落合　震災から月日を追うごとに、社会が徐々に「忘却」していくという問題が持ち上がってきているように、わたしには思えます。

高橋　たしかにマスメディアからの報道は減っていますし、何もなかったかのように社会生活を続けられる感覚を持つひとが増えている気がしますね。放射能が目に見えないということもひとつの要因かもしれませんが。

　敗戦を忘れて、かつての日本が高度成長期をまい進したようなことに、今回もならないだろうかという危惧を、わたしも持っています。

落合　事故前に書かれた『まるで原発などないかのように　地震列島、原発の真実』（原発老朽化問題研究会／編　現代書館／刊）という本を、事故が起こった直後は多くのひとが必死に読みました。しかししばらくすると、まさに「まるで原発事故などなかったかのように」という日々にまた戻っていくとしたら……。わたしたちは、忘れやすい市民であってはいけないと、ふたたび自分と約束をしなくては。何を「収束」と呼ぶのか、わたしにはわかりませんが、強引に「収束」させられてしまう。

高橋　たしかに西日本では、あまりリアリティを感じていないひともいるようですしね。それは阪神・淡路大震災のときに、東日本のわたしたちが、なかなかリアリティを感じられなかったことと共通しているのかもしれません。しかし、首都圏のひとは、これまで福島から電力という利益を享受してきたわけですから、加害者ということばは強すぎるかもしれませんが、ある意味では原発事故の被害者であり、同時に責任もあるということは疑いようのないことだとわたしは思います。

　実際に放射性物質が東京をはじめ関東地方に降下していますし、さまざまな食べものや土壌などに汚染がひろがっています。それによって被ばくもしているだろうと思います。さらに事故直後には計画停電で大騒ぎになりましたが、そのようなことを取り上げてみても、原発事故が地元だけではなく、広範囲に被害をおよぼすということを今回痛感しました。

　ところが非常に不安を抱えているひとがいる一方で、マスメディアの影響なのか、日本人が忘れやすい性質なのか、「これくらいであれば、何とか先に進みたい」と感じているひとも多くいるようです。でも、「これくらい」という被害の範囲がわかるのは、じつはこれからなのですが……。

落合　そうですね。それも10年、20年単位では収まらない被害かもしれないと考えなければならないことですね。

高橋　チェルノブイリ事故の前例を見ますとこれから影響がわかってくる可能性が高いのです。忘却させる力が働くなかで、わたしたちは声をあげ続けていかなくてはならないでしょうね。

落合　そう思います。忘却には、大きくふたつあるのではないかとわたしは考えています。ひとつは内発的な忘却です。絶え間ないストレスに耐えきれずに、無意識のうちに記憶を消していこうとする忘却。もうひとつは、メディアがそれを取り上げない結果としての忘却です。

●メディアの構造に限界を見る

高橋　メディアについて言えば、国内メディアよりも外国メディアのほうが踏み込んだ報道をしています。事故直後の放射性物質の拡散状況についても、わたしたちは海外メディアから情

子育ての本

おうちでできるシュタイナーの子育て

定価1,050円　ISBN:
978-4-86101-151-1

シュタイナー教育の基本は「家庭」にありました。おうちで実践できることを分かりやすく紹介したハンディサイズの入門書です。

シュタイナーのおやつ

陣田靖子／著

定価1,680円　ISBN:
978-4-86101-150-4

卵・さとう・牛乳を使わずに、穀物をつかった素朴なおやつレシピが50種。玄米菜食&米粉の料理研究家が、シュタイナー教育の視点からまとめました。

キンダーライムなひととき

としくらえみ／著

定価1,890円　ISBN
978-4-86101-062-0

シュタイナー教育をベースにした、あそびと暮らしの提案。季節のリズムを感じながら、親子一緒に手づくりのあそびを。

子どもがつくる旬の料理①春・夏

坂本廣子／著

定価1,680円　ISBN:
978-4-86101-005-7

1歳から包丁を！手順がカラーイラストなので、たのしく、わかりやすい。総ルビつきで、子どもが自分で見てつくれます。

子どもがつくる旬の料理②秋・冬

坂本廣子／著

定価1,680円　ISBN:
978-4-86101-006-4

季節を感じるオーガニッククッキングの主役は子ども。旬の食材コラム&「食育」コラムは、大人が読んでも納得！

子どもがつくるほんものごはん

坂本廣子／著

定価1,890円　ISBN:
978-4-86101-082-8

だしをとる、ルーなしでカレーをつくる、魚をさばく…「ほんもの」の調理を、子どもがひとりでできる秘密とは？

旬のおやつ

梅﨑和子／著

定価1,890円　ISBN:
978-4-86101-088-0

日本の風土や季節に合わせた食の知恵満載の、おやつ34点。素材の力を生かした「食養生」レシピで幼児の健康づくりを。

うん このあかちゃん

長谷川義史／著

定価1,680円　ISBN:
978-4-86101-067-5

絵本作家・長谷川義史さん家の出産絵日記。病院で、助産院で、自宅出産で…3人分のお産エピソード集！

たのしい子育ての秘密

金盛浦子／著

定価1,260円　ISBN:
978-4-906379-98-9

"よい"加減の子育てが、子どもも親もラクなんです。臨床心理士からの、女性たちを「ホッとさせる」メッセージ。

わがやのホットちゃん

にしむらあつこ／著

定価1,365円　ISBN:
978-4-86101-191-7

絵本作家ならではの、ゆったりのテンポで描かれる育児絵日記。1～6歳の成長記録は、出産祝いにもオススメ！

整体的子育て

山上亮／著

定価1,260円　ISBN:
978-4-86101-173-3

子どもの手当てはもちろん、大人がリラックスするコツも。「育児に余裕が生まれる」と、評判の1冊。

整体的子育て2

山上亮／著

定　価1,260円　ISBN:
978-4-86101-194-8

からだとこころの両面に効く、すぐに役立つ具体的な内容が満載！ 子どもとの向き合い方がわかります。

※クレヨンハウスの本は、全国の書店様でお求めいただけます。在庫がない場合でも、送料無料で取り寄せが可能です。
クレヨンハウスe-shopでもお求めいただけます。▶http://www.crayonhouse.co.jp

クレヨンハウス　〒150-0001　東京都渋谷区神宮前5-3-21 2F

クーヨンから生まれた本です。

シュタイナーの子育て

定価1,575円
ISBN:978-4-86101-140-5
シュタイナーの思想・教育法・ライフスタイルを分かりやすく解説。子育てのヒントがこの1冊に。

あかちゃんからの自然療法

定価1,470円
ISBN:978-4-86101-147-4
病院へ行く前にできる、ホームケアを幅広くご紹介。子どものからだの見方のヒントにも。症状別インデックス付。

のびのび子育て

定価1,575円
ISBN:978-4-86101-158-0
世界の教育者6名の考え方を一挙に紹介。フィンランドをはじめ北欧の子育てレポートや、今注目が集まるユニークな教育法も掲載。

おかあさんのための自然療法

定価1,470円
ISBN:978-4-86101-171-9
ハーブやアロマなど植物の力をかりて、こころと体を整える、女性のための自然療法を幅広くご紹介。

ナチュラルな子育て

定価1,470円
ISBN:978-4-86101-178-8
出産前、0・1・2歳の時期に知りたい、だっこ・母乳・布おむつをはじめとし、ナチュラルな子育ての入り口になる情報を網羅。

モンテッソーリの子育て

定価1,470円
ISBN:978-4-86101-184-9
子どもの自主性が育つと評判のイタリアのモンテッソーリ教育。教育法、暮らし、おもちゃ等をビジュアルたっぷりに紹介した1冊。

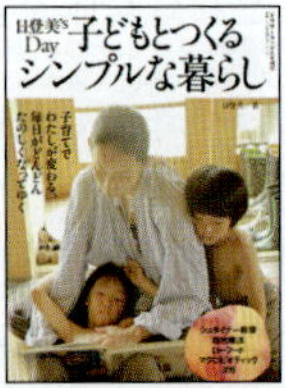

［月刊クーヨン］2010年9月号増刊
日登美's Day
子どもとつくる
シンプルな暮らし
定価1,365円

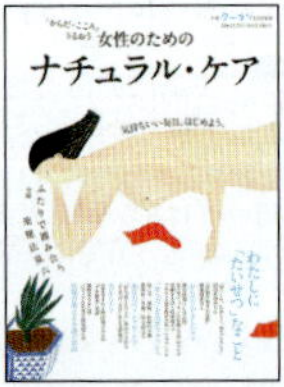

［月刊クーヨン］2011年3月号増刊
女性のための
ナチュラル・ケア
定価1,575円

［月刊クーヨン］2011年9月号増刊
叱らないでOK！な
子育て
定価1,260円

連載

もう、ひとりで悩まないで！　クーヨンは、
たくさんの連載でみんなの子育てをサポートしていきます。

からだ

「亮さんの整体ばなし」
整体ボディワーカー・山上亮さん
子育てに役立つ、こころとからだの話や「手当法」。

暮らし

「日登美の夕ベコト」
モデル・主婦研究家・日登美さん
4人の子どもとたのしむ季節の食卓レシピ。

おやつ

「身土不二のおやつ」
自然食料理家・かるべけいこさん
手軽につくれるオーガニックなおやつレシピ。

子育て

「りゅうのすけ日記」
モデル・田辺あゆみさん
葉山でのびのび子育て。ヒントがぎゅっとつまってます。

絵本

「絵本town」

パン屋さん、遊園地……街をテーマにロングセラー絵本を紹介！

わらべうた

「わらべうた」
和光大学准教授・後藤紀子さん
みんなでたのしめる、むかしながらのあそびうた。

おもちゃと雑貨

「new family」

贈りものにもぴったり。

オーガニックなグッズの紹介。

エッセイ

「女の啖呵」
作家・落合恵子さん
時を越えて伝えたい、さまざまな女性たちの声。

おトクな 月刊クーヨン定期購読のご案内

暮らしに合わせて、選べる3タイプ

6ヶ月定期購読
購読料金…**5,880**円

1年間定期購読
購読料金…**10,780**円
1冊分無料！

2年間定期購読
購読料金…**21,560**円
2冊分無料！

＊いずれも**送料無料**で、発売日までにご宅へお届けします。

＊出産のお祝いとして、どなたかのお家へのお届けもよろこんで。

お申し込みはかんたんです！

1.お電話で
クレヨンハウス出版部　定期購読係
TEL.03-3406-6372（月〜金　9時〜18時）
※専用の振込用紙をお申し込み後にお送りします。
（銀行・郵便局・コンビニで利用可）

2.インターネットHPで
www.cooyon.net
※クレジットカード、振込用紙（銀行・郵便局・コンビニで利用可）でお支払い可能です。

ORGANIC LIFE

子どもが育つ かぞくも育つ

免疫力アップで子どもを守る！
月刊
クーヨン
子どもが育つ
かぞくも育つ
オーガニックな
育児雑誌
2012 1
いまこそ元気が大事です！
「負けない」からだづくり
子どもが
いるとこ
み〜んな
かぞく！
整体、ロミロミ、アロマテラピーで
「ふれあって元気に」
コウケンテツさん、日登美さん、
かるべけいこさん家で
「風邪をひいたらつくるもの」
やっぱり気になって、知りたくて……
「放射能と給食」ある保育園の取り組み
あんよの前にたっぷりと
「はいはい」ってすごい！
ワタナベマキさん
まごわやさしい
「おせち料理」
のびのびかぞく
NUUさん

子どもの本の専門店クレヨンハウスの育児雑誌

［月刊クーヨン］

毎月3日発売　A4変型　112Ｐ　980円（税込）

全国の書店でお求めいただけます。

特集

あかちゃんから6歳の子育てかぞくに！
のびのび子育てを応援する大特集

ーこれまでの特集ー

- はじめての シュタイナー育児（2010年11月号）
- かぞくが元気になる 台所処方箋（2010年10月号）
- そうだったんだ、叱り方！（2011年4月号）
- これからの幼児教育（2011年10月号）

しばらくすると、
今度は「まるで原発事故などなかったかのように」という
日々にまた戻っていくとしたら……。　　　　——落合

資料5／ベラルーシの大人の甲状腺ガン数変化（上）
ベラルーシ、ウクライナ、ロシアの小児甲状腺ガン年間発生数（下）

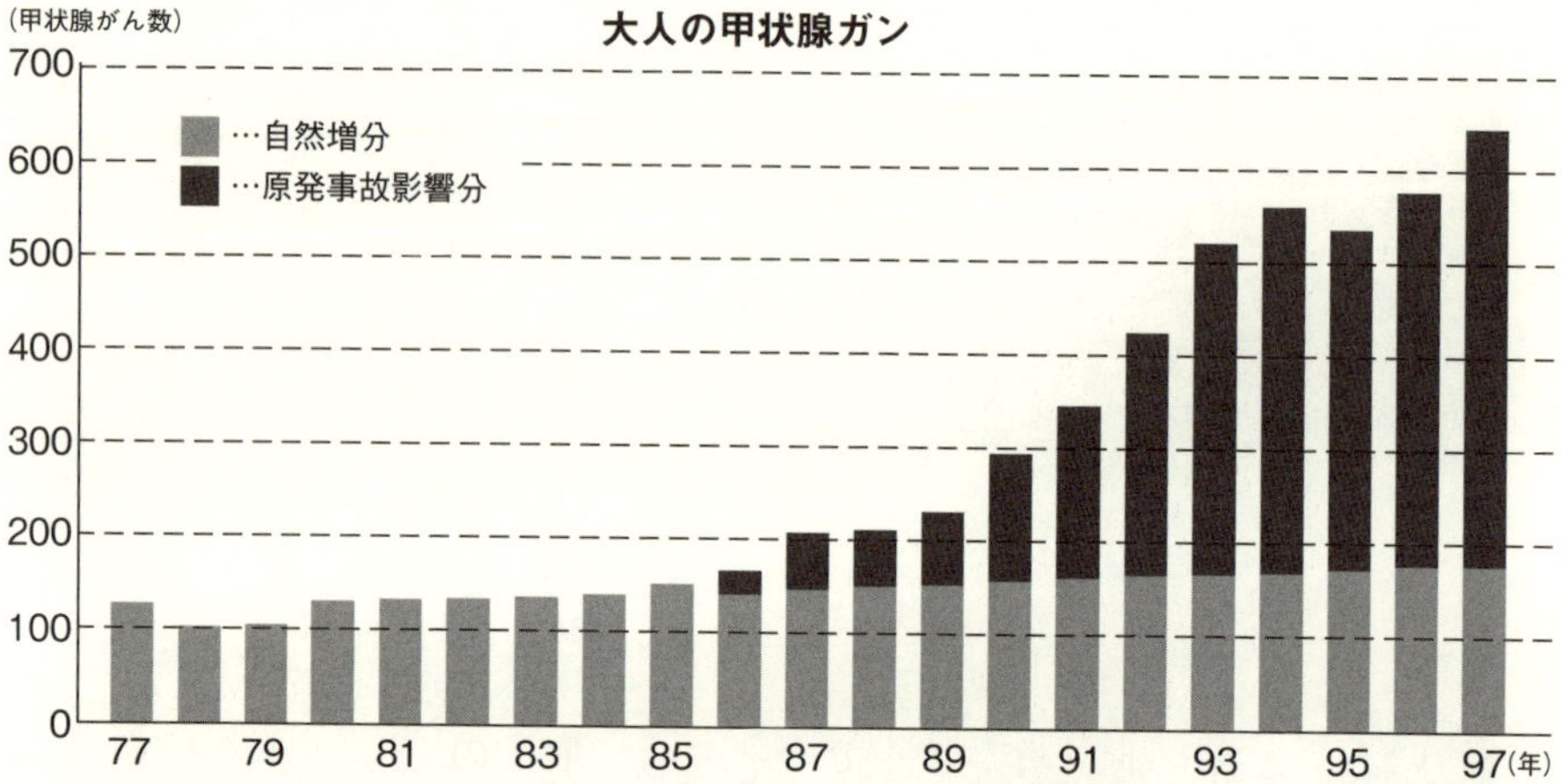

ベラルーシ共和国科学アカデミー物理化学放射線問題研究所のミハエル・マリコ博士の調査
（『毎日新聞』1999年5月24日大阪本社版より）

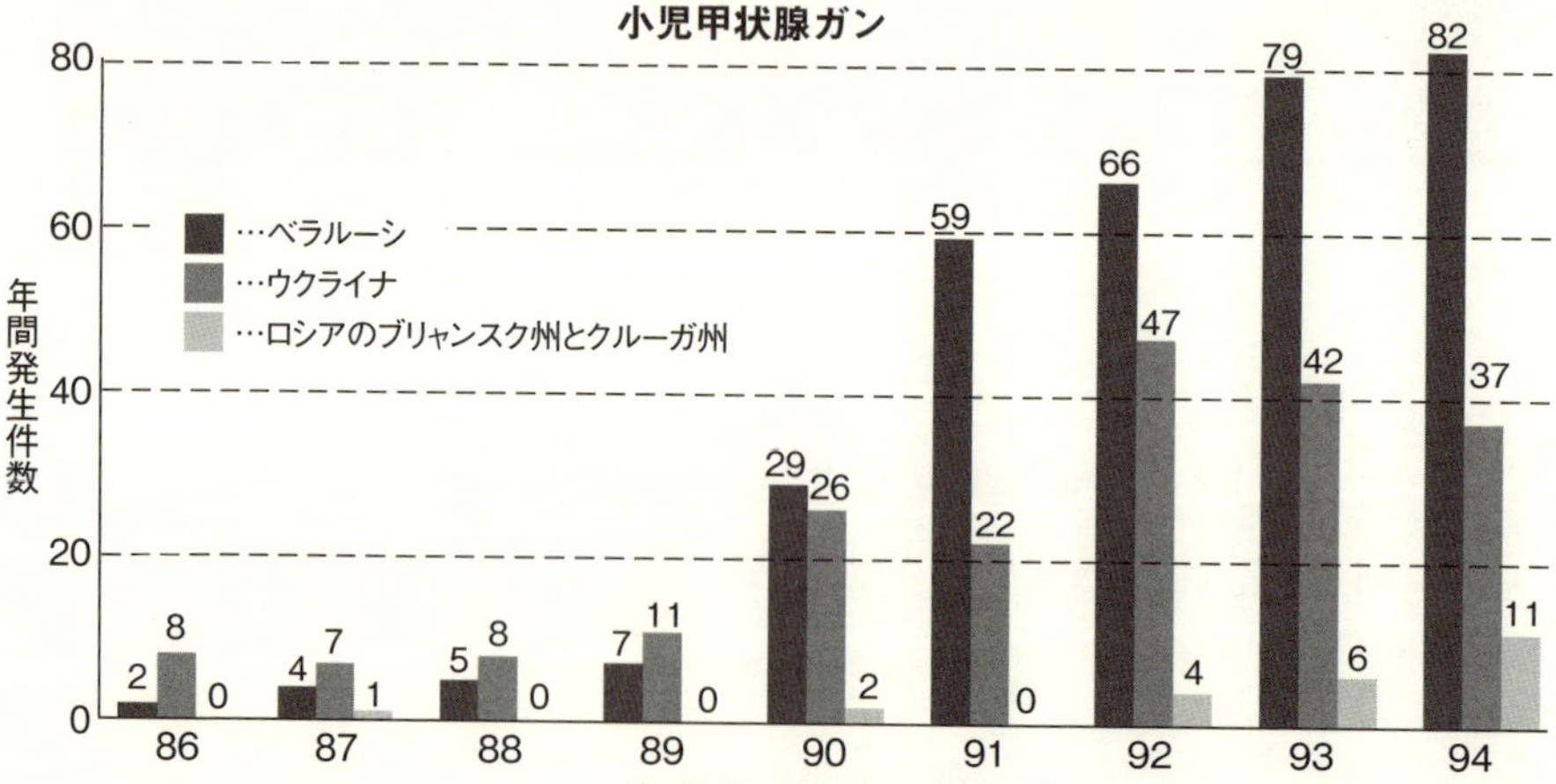

Health Consequences of the Chelnobyl Accident, WHO（1995より）

『原子力市民年鑑　2002年』（原子力資料情報室／編　七つ森書館／刊）より

報を入手せざるを得ませんでした。

その後も、ドイツの放送局ＺＤＦ（＊18）が福島原発で作業する被ばく労働者の実態を10月に報道しました。電力会社では、労働者の方たちが情報を外にもらすことを契約で禁止しているようです。

落合　ええ。契約書では、労働後に何らかの後遺症等を負ったとしても、責任を問わないことを約束させています。ＺＤＦの報道では、取材対象の方の顔が映らないように撮影していましたね。

いったい日本のメディアの多くは何をしているのでしょう。事故直後には、会社の指示で、記者たちは危険区域から外に出されたようですが……。

高橋　そうした規制があるなかで現場に近づいて、いかに放射線量が高いかを報道したのは、広河隆一さんなどのフリーのジャーナリストたちでした。山岡俊介さんの『福島第一原発潜入記　高濃度汚染現場と作業員の真実』（双葉社／刊）も、作業員として現場に潜入して書かれたものです。

日頃、テレビや新聞などから情報を得ていますが、大手マスコミには限界があることを、今回、あらためて思いしらされました。

落合　メディアの構造と、原発作業が孫請けやさらにその下請けにいく構造とは、ある部分、とても似ているのではないかと思います。大手マスコミや電力会社の社員は被ばくからほぼ守られていますが、フリーのジャーナリストや臨時作業員の方は、たとえ被ばくしても、お金で解決すればいいという構造です。

もちろん積極的に報道しようとするよい記者がたくさんいることも充分承知のうえではありますが、大手とよばれるマスメディアにどこまで期待できるか、暗たんたる思いがします。

高橋　よい記者がいることは言うまでもありません。たとえばＮＨＫでは貴重なドキュメンタリーが放映されました。放射線マップを取り上げたもので、それによって浪江町中心部のひとたちが情報不足のために、わざわざ放射線量が高い地区に避難してしまったという事実が明らかになりました（＊19）。

先に述べたドイツのＺＤＦは、福島県内の農業者が、農産物の放射能汚染を調べてほしいと県に訴えても、調べてもらえない実態を番組で暴露しました。でも、それはYouTube（＊20）で流されるようになった途端に、福島県のテレビ局に削除されてしまったようです。

落合　ひどい話です。メディア規制法（＊21）も怖いですし、いろいろなことが重なってきますね。

（＊18） 第2ドイツテレビ。ZDFは、Zweites Deutsches Fernsehen の略。1963年開局。独立非営利機関として運営されている公共放送局。

（＊19） 5月15日放送　NHK　ETV特集「ネットワークでつくる放射能汚染地図～福島原発事故から2ヶ月～」

（＊20） 無料で利用できるインターネット動画共有サービス。

（＊21） 「個人情報保護法案」、「人権擁護法案」、「青少年有害社会環境対策基本法案」の総称で、成立したのは個人情報保護法（2003年成立、2005年4月1日施行）のみ。マスメディアも規制の対象となり、言論・表現の自由を制約し、国民の知る権利を侵害するものとして、「メディア規制法」と呼ばれている。

●原発推進にNOを言った政治家たち

高橋　鉢呂吉雄元経済産業大臣は、福島に対して「死の町」発言をして、辞職に追い込まれました。

落合　「放射能をつけちゃうぞ」というふうに言ったとも報道されました。その発言が事実であるなら、たしかに軽率だったし、福島の子どもたちへの「いじめ」や差別に結びつかないとも限りませんが、なぜあそこまで過剰にたたかれなくてはならないのか。「ゴーストタウン」という表現は、しばしば目にするのですが。

高橋　鉢呂さんは「いずれ原発をゼロに」と公言していました。

落合　それで足をひっぱられたのではないかという声がありますね、これも事実なら、言論統制と結びつきます。

高橋　佐藤栄佐久前福島県知事は、最初は自民党の国会議員で、原発推進でした。ですが電力会社の無責任さに気づき、県民の安全を守るために、東京電力や経済産業省と闘いはじめたのです。彼は、国会議員ですら原発の政策に関与できない、すべては官僚が決める、と発言していました。佐藤前知事は、地方自治や県民の立場から考えたひとだと思います。もし、原発事故時に前知事が在職していたら、その後の対応が違っていたかもしれません。

原発をこれまで推進してきたのは自民党でした。朝日新聞が、東京電力と自民党のつながりを記事に書いていますが、政治献金、パーティ券購入、接待漬けがあったそうです（＊22）。

落合　それぞれのメディアで多少ニュアンスが違いますが、それらの対策に使われてきたのは、もともとはわたしたちが支払った電力料金なのです。

政治にもメディアにも言えることですが、「アンチ」で語っても、相手の土俵の上では残念ながら力になり得ません。本当はわたしたち市民が政治家やメディアを育てなければならなかったのに、それが充分に機能してこなかったという反省があります。

（＊22）朝日新聞２０１１年10月８日「東電、役員献金を差配」より。

●国に取りこまれる学者の責任

高橋　今回の原発事故の対処では、原発施設そのものに新聞紙やおがくずをつめて、放射能汚染水の流出をとめるというような、とても原始的な部分があったことには驚きました。

原発は、科学技術の最先端を集めたものでしょうから、専門的な判断は科学者でないとできません。政治家や官僚は素人であって、莫大な利益を上げたいからこそ推進するのですが、「これでいける」とＧＯサインを出すのは、あくまで原子力委員会（＊23）や原子力安全委員会（＊24）などに属している学者・専門家です。原発の推進、安全性のチェックだけではなく、事故後の放射線量の判断などもあるので、学者の責任は本当に重大です。

医学者の児玉龍彦さん（＊25）が今回の事故の要因として、ひとつは「本来、科学的な立場から社会に対してデータを提供すべき科学者が政治家や経営者になり、政治経済的な判断を優先したからではないか」とおっしゃっています。

例をあげると、やはり医学者で、いまは福島県の放射線健康リスク管理アドバイザーでもある山下俊一さん（＊26）は、１００ミリシーベルトまでは安全、という発言をしました。彼は、パニックを防ぐため、県民の不安を解消するためだった、と言っていますが、それ自体が科学的ではない政治的な判断です。

現実には１００ミリシーベルト以下についての充分なデータはなく、「これ以下ならば絶対安全だと言える値、しきい値がない」状況でした。科学者としてはまずその事実を発表すべきでしたが、そこを飛ばして、いきなり政治的判断によって「安全だ」と言ってしまいました。その後、山下さんたちが開催した福島県内の国際会議（＊27）では、原発推進派の組織が専門家を召集し、市民が締め出されたかたちになりました。

わたしがいちばん疑問に思うのは、彼が、「わたしはみなさんの基準をつくる人間ではありません。みなさんへ基準を示したのは国です」と発言していることです（＊28）。「わたしは日本国民のひとりとして、国の指針にしたがう義務があります」とも言っていて、国民の義務として、国が決めた基準にしたがいなさい、と科学者が言ってしまうことが、いちばんの問題ではないかと思います。

太平洋戦争の敗戦にいたる歴史の流れでも、学者が国家の方針に取りこまれて、自分の信念や真実を曲げてしまう経緯がありました。宗教でも、キリスト教も仏教も「靖国」に取りこまれ、結局、国家のなかへ、みんな取りこまれてしまいました。

落合　アメリカで原子爆弾を開発したマンハッタン計画（＊29）も同じで、やはり科学者たちが取りこまれていきましたね。原子爆弾が広島と長崎へ投下された。その後の「調査」とよばれるものが、どれだけ市民の苦しみに即したものだったか。当局の都合がいいように、歪曲されなかったか、隠蔽されなかったか。

その後、原子力が平和利用の名のもとに日本へも持ちこまれ、今回の事故でも、実態や数字や数値を過小評価したり隠蔽することが多々、起きていて、これからもさらに起きないか。危惧しています。

たとえ家庭では「よき父、よき夫」であり、町内でも職場でもまじめで誠実なひとと位置づけられていようと、推進の旗を振る側に取りこまれてしまう場合が、いかに多いか。

（＊23） 原子力基本法に基づき、１９５６年に原子力の研究・開発・利用に関する政策を計画的に行うことを目的に設置された行政機関。

（＊24） １９７８年にそれまでの原子力委員会の機能のうち、「安全規制」を独立して担当するために設置された委員会。

（＊25） 東京大学先端科学技術研究センター教授、東京大学アイソトープ総合センター長。７月27日の衆議院厚生労働委員会に参考人として出席し、放射線の健康被害などについて発言した。

（＊26） 福島県立医科大学副学長。福島県放射線健康リスク管理アドバイザー。今回の原発事故を受け、「ニコニコ笑っていれば放射能の被害は受けません」などと発言し、物議をかもした。

（＊27） ２０１１年９月11日、12日に、福島県立医科大学で開催された日本財団主催の国際会議。福島第一原発事故を受け、世界各国から放射線の専門家30名が集まり、「放射線と健康リスク―世界の英知を結集して福島を考える」と題して行われた。会議では、「福島第一原発事故による健康影響は極めて少ない」、「低線量被ばく（年間１００ミリシーベルト以下）は安全である」という意見で一致し、閉会した。日本からの出席者（敬称略）は、明石真言（放射線医学総合研究所）、本間俊充（日本原子力研究開発機構）、甲斐倫明（大分県看護科学大学）、神谷研二（広島大学）、紀伊國献三（笹川記念保健協力財団）、菊池臣一（福島県立医科大学）、児玉和紀（放射線影響研究所）、前川和彦（東京大学）、丹羽太貫（京都大学）、大久保利晃（放射線影響研究所）、酒井一夫（放射線医学総合研究所）、笹川陽平（日本財団）、嶋昭紘（環境科学技術研究所）、竹之下誠一（福島県立医科大学）、山下俊一（福島県立医科大学）、米倉義晴（放射線医学総合研究所）。

（＊28） ２０１１年５月３日二本松市「福島原発事故の放射線健康リスクについて」と題する講演で。

（＊29） 第二次世界大戦中、原子爆弾を開発・製造するために進められたアメリカの国家的プロジェクト。

第4章　犠牲を出さない社会をめざして

●日常が少しずつ浸食されていく怖さ

落合　高橋さんがメッセージを寄せられた『茶色の朝』（フランク・パヴロフ／著　大月書店／刊）をときどき読ませていただいています。

この物語は、突然、「茶色のペット以外は飼ってはいけない」という法律ができたことで起こる変化を描いた寓話です。登場する語り手の主人公は、街が茶色に染まっていくことをどこかで怖いと思いつつも、言語化せず、何となく日々を過ごしてしまう。やがて親友が逮捕され、最後に自分の家のドアがノックされたときに、大きな衝撃を受けるというものです。

とくに物語の後半では、日常生活が少しずつ浸食されていく恐ろしさ、それも「ふつうのひとびとの、ふつうの日常」に起きてしまうことの恐ろしさがありますね。茶色が意味するもの、そして、1色でなければならない怖さも感じました。

いま、『茶色の朝』と同じようなことが起きている気がします。

高橋　そう思います。作者のフランク・パヴロフは１９９８年にこの物語を書きました。当時ヨーロッパでは、移民排斥を唱える極右派が選挙でかなり票数を得るようになり、フランスでは大統領選にまで関わってくるようになりました。そのような状況に危機感を持ったのです。茶色は、ネオナチ（＊30）、つまりナチズムやファシズムを連想させる色です。その記憶を呼びさまして、二度と同じあやまちをくり返さないように、という警告の意味から、この本を出版したのです。

　わたしたちが、日々の生活のなかで「それくらいなら大したことはない」「これくらいなら認めてもいいだろう」と、不安を覚えながらも、考えることを止めて受け入れていくと、最後にはたいへんな破局が待っているということです。これはパヴロフが書いたときの経緯とは別に、今回の原発問題でわたしたちが切実に思いしらされたことだと思います。

　原発についての危険は、一部のひとたちの間で早くから指摘されていました。まず広島・長崎に原爆を投下された国の民として、核の恐ろしさはみんなが知らされていましたし、平和利用についても大きなリスクがともなうと、いろいろ言われてきました。

　その後、スリーマイル事故、チェルノブイリ事故という大事故が起き、日本でも１９９９年に東海村の「ＪＣＯ臨界事故」（＊31）で数百人が被ばくし、悲惨な死者が出たことがありました。わたしたちは、実際にそれらを目の当たりにしてきました。

　ところが、そういう大惨事や事故があったにもかかわらず「まあ、だいじょうぶだろう」と

資料6／JCOの放射能漏れ事故後、避難所で被ばく検査を受ける住民。

提供／PANA通信社

原発について特に思いをめぐらすこともなく、考えることを止めていた。あるいは考える優先順位を下げてしまっていました。そうしたなかで、ある日突然、今回の大事故が起こったのです。『茶色の朝』にとてもよく似た状況だと思います。

落合　最近また、『茶色の朝』が多くの方に読まれているようです。

高橋　少しでも問題意識が広まるといいなと思います。

（＊30）ナチズムと類似する思想や志向性を持つひとたちの反社会的な政治運動。外国人の排斥、人種差別（白人至上主義）などを柱とする。

（＊31）１９９９年９月30日に、茨城県那珂郡東海村の株式会社ジェー・シー・オーの核燃料加工施設で起きた臨界事故。日本国内ではじめて、事故被ばくによる死亡者が出た。国際原子力事象評価尺度では「レベル４」。

● まず国民が犠牲にされる戦争の本質

落合　高橋さんが緊急増刊『朝日ジャーナル　原発と人間　２０１１　６／５号』に書かれていた「戦争絶滅受合法案」に、とても興味があります。20世紀のはじめに、デンマークの陸軍大将だったフリッツ・ホルムが考案したものだそうですが、ホルム自身が軍隊に関わったひとですね。

内容は「戦争が開始されたら10時間以内に、次の順序で最前線に一兵卒として送り込まれる」というものですが、その順序というのが「第一、国家元首。第二、その男性親族。第三、総理大臣、国務大臣、各省の次官。第四、国会議員、ただし戦争に反対した議員は除く。第五、戦争に反対しなかった宗教界の指導者」となっています。

これをそのまま東京電力と政府の方たちにやっていただきたいとさえ思いました。推進し続けてきたかつての与党も含めてですが。

高橋さんは、どこでこの法案と出合ったのですか。

高橋　戦前に評論家の長谷川如是閑《にょぜかん》が紹介（＊32）したものですが、その際に出典は示されていませんでした。

この法案は、戦争の本質を見事に示していると思います。つまり、戦争は、「権力者や戦争で利益を上げるひとたちが、末端の国民を犠牲にしながら起こすもの」で、「権力者がまず先に犠牲になるのであれば、戦争は起こらないだろう」という考え方です。これはまったくその通りで、わたしはとても慧眼だと思います。沖縄県知事も務めた大田昌秀さんが社民党の代表として、国会で当時の小泉純一郎首相にこの法案をつきつけたことがありました。

解釈の問題があるかもしれませんが、歌人の与謝野晶子（＊33）が日露戦争に出征した弟を思いうたった、『君死にたまふことなかれ』の中で、「天皇は最前線に行かない」という内容を詠みました。

落合　たしか3連目に「すめらみことは戦ひに　おほみづからは出でまさね」というくだりがありました。

高橋　そのことに対して、当時、皇室に対する批判ではないかという論争が起こり、彼女は「そうではない」と反論していますが、ホルムの戦争絶滅受合法案と似たところがありますね。

天皇は最前線に行かないのに、なぜおまえが行くのだという疑問――。もしもそのように解釈できるのであれば、日本の詩歌の中にもそのような意識が芽生えていたと考えられます。

落合　その与謝野晶子の孫が、原発推進派の与謝野馨さんなのですが。

高橋　いずれにせよ、今回の原発事故に照らしてみれば、フリッツ・ホルムの考えは、何が問題なのか、どこに責任があるかを考える、とてもよい手がかりになると思います。

（＊32）評論家（1875〜1969年）。「戦争絶滅受合法案」は、『長谷川如是閑集　第二巻』（岩波書店／刊）に収められている。

（＊33）歌人・作家（1878〜1942年）。23歳のとき、歌集「みだれ髪」を刊行。24歳で与謝野寛（鉄幹）とのあいだに長男を出産、のちに11人の子を育てる。33歳のとき、平塚雷鳥の申し出により、『青鞜』に「山の動く日来る」ではじまる詩を寄稿。女性の自立や解放、教育の必要性などを主張した。

●「自分が犠牲になれるのか」という問い直し

落合　同じ朝日ジャーナルの記事の中で、高橋さんは「犠牲のシステムそのものをやめること」が大切だと書かれていますが、まさにその通りだと思います。

高橋　ただ、そのような発言をすると、「人間社会に犠牲はつきもので、犠牲なき社会などあり得ないじゃないか」という反応が返ってくることが多いのです。

落合　必ずそういう反論がありますね。「そんなのは、きれいごとだ」と。自分は犠牲にならないと考えているひとたちから特に。

高橋　先ほど名前のあがった久間元防衛大臣のように（33ページ参照）、一定の犠牲はやむを得ないという意見や議論が出てきたときに、では犠牲になるひとを誰が決めているのか、誰が犠牲を強いられているのか、ということにまず目を向けなければならないと思います。当然ながら立場の弱いひとが犠牲を強いられるものです。今回の福島第一原発事故の現場でも、仕事がなくてやむを得ずにそこに行っているようなひとたちが多く働いていて、彼らを犠牲にしながら、事故の収束をはかっているのが現実なのです。それがはたして許されることなのかどうか……。

本来なら原発を推進して、そこから利益を得てきたひとたちこそ、もっとも責任をとらなければなりません。それに東京電力の幹部なり責任者が少なくとも現場に行って、対応することがあってしかるべきだと思いますが、社長は当初まったく姿を見せませんでした。

くり返して言いますが、誰かが犠牲にならなければならないとしたら、「誰が犠牲を決めるのか、誰に犠牲を決める権利があるのか」、まずその問いをたてなくてはなりません。

今回ならば、原発がこれだけ犠牲が組みこまれているシステムであるにもかかわらず、なおも原発を推進するべきだと主張するひとは、「では誰が犠牲になるのか」という問いに答える責任があると思います。

それを脇に置いて、「電力が不足するから」と言い逃れをしています。「そんなに原発に反対するなら、もう電気を使うな」と言うひともいます。

世間で話題になったマイケル・サンデル教授のテレビ番組「ハーバード白熱教室」（＊34）の関連番組でも、「危険な任務は誰が担うのか、任務にあたるひとびとを、何を基準に選べばよいのか」という問題について学生が議論をしました。

そのときに参加したハーバード大学、東京大学、早稲田大学、中国の有名大学などの学生たちは、「年配で家族のいないひとがよい」とか、「押しつけはよくないから希望者を募ればよい」とか、「補償金額をいくらにすればよい」などと述べていました。なかには「わたしたち全員」という意見もありましたが、ほとんどがまるで権力者であるかのように、誰を犠牲にするかを自分たちが決めてよいと考え、そのことに疑いを持っていないようだったのは、驚くべきことです。

落合　もっともやわらかなこころを持っている世代のひとたちなのに、「誰が？」の「誰」から自分は抜かしているのですね。

高橋　まずは自分たちが犠牲になる覚悟があるのかという問い直しを、少なくともしてみる必要があると思います。

メディアで行われた議論は、自分はあくまでも安全なところにいて、「電力が必要だから」「経済が大事だから」というものです。それらはすべて、自分が享受する権利をそのまま維持するために、誰かを犠牲にする議論です。「あなたは自分が犠牲になれますか」と問い直されないといけないのです。

資料7／福島第一原発2号機の建屋内で働く作業員たち。

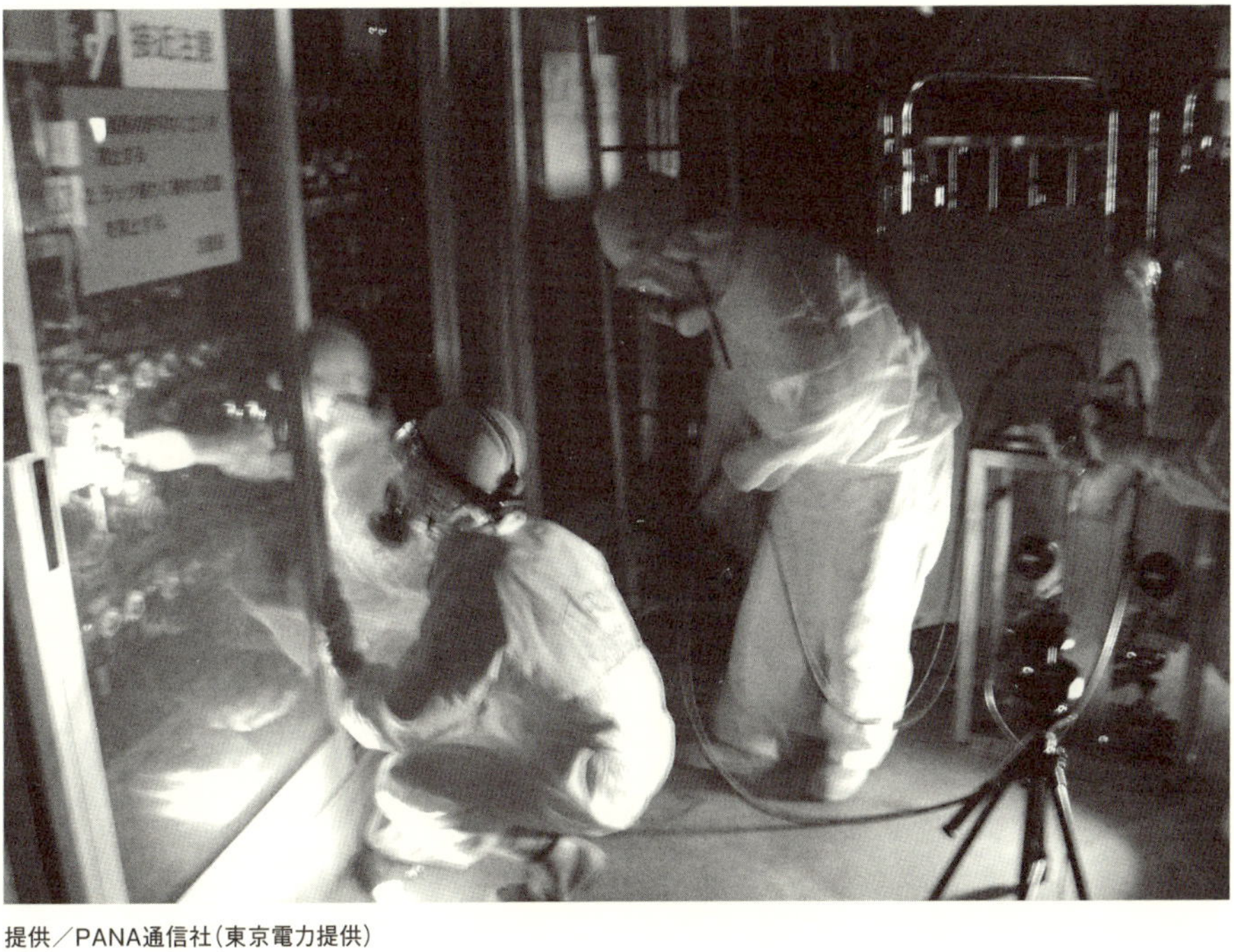

提供／PANA通信社（東京電力提供）

では、政府や電力会社のひとを犠牲にすれば原発を進めてよいのかというと、決してそうではありません。犠牲を出さないシステムに、可能な限り変えていく必要があると思います。

（＊34）マイケル・サンデル教授の政治哲学の講義を収録したテレビ番組。社会のあらゆる難題に対して、教授と学生たちが議論を展開していく。以降、関連番組「マイケル・サンデル　究極の選択」なども放映されている。記事中番組は「究極の選択第一回　大震災特別講義〜私たちはどう生きるべきか〜」（ＮＨＫ２０１１年4月16日放送）。

● 犠牲を出さないシステムをみんなで考えよう

高橋　原発をやめることへの反論として、「これまで原発に依存してきた地域のひとたちが失業してしまう。それは経済的な犠牲ではないか」という意見があります。

しかし、これまでもエネルギーは、時代の流れのなかで、水力、石炭、石油と変化してきました。そのたびに問題が起こりましたが、それは政治の責任として、適切なエネルギー政策に転換し、進めていくべきことです。

原発に頼ってきた自治体にもそれなりの責任があると思いますが、そこは自治体の政治から国政までを国策として推進してきた政府が、最大の責任を負うべきでしょう。そして、経済的に困るひとが出ないようなかたちで、原発をなくしていくのがよいと思います。

しかし、原発を廃止すること自体が本当にたいへんなプロセスです。

落合　本当の意味での収束が何万年という単位なので、まったく先が見通せませんね。

高橋　今後はやはり再生可能エネルギー（＊35）に転換していくべきだと思います。東北や福島を拠点にすべきだという議論が出ていて、実際にそれは可能だという専門家もいます。そのような意見に耳を傾けながら、これまで原発に依存してきた地域のひとびとを経済的に犠牲にするのではなく、犠牲なき社会をめざして、犠牲のシステムをやめる方法を探していくのがわたしたちの課題だと思います。

原発に依存してきたひとたちがいるのに、事故が起こったからと脱原発を唱えるのは、現実を無視した理想論、空想の話だと言うひとがいます。脱原発の方向に冷や水を浴びせようということなのかもしれませんが、そこでこそ、政府や市民が知恵をしぼりあって、問題の解決策を考えるべきです。

これまでの構造では、もう原発を維持できないことは明らかです。

福島原発事故を見て、ドイツ、イタリア、スイスのように脱原発の政策を決めた国が実際にいくつも出てきています。世界一の原発大国と言われて、原発に依存しているフランスですら、大統領選挙で提起するテーマに「脱原発」があがっています。でも、なぜか事故を起こした当の日本では、まだまだ原発維持の空気が強いです。

落合　アメリカでも脱原発を求める集会が開かれるなどしています。いちばん世界に迷惑をかけている日本だけが、おかしな議論をしている。いつもは世界にどう見られるかを異様に気にする国であるのにもかかわらず、不思議でなりません。

高橋　原発にたまった放射能汚染水を海に放出したときからそうでした。

落合　わたしは、アメリカの人工衛星が落ちる（＊36）ところが原発だったらどうしようか、と思いました。この件については、オバマ大統領は世界に謝罪することでは？

高橋　沖縄の研究者が言っていましたが、沖縄から見ると、米軍や自衛隊の飛行機がもし原発に落ちたらどうなるのだろう、ということがリアルに感じられる。

ほかにも原子力空母や原子力潜水艦の心配もあります。とくに横須賀は、原子力空母の母港になっています。原子力で動いているのですから、基本的には原発と変わりません。アメリカやイギリスの原水艦でも、メルトダウン（炉心溶融）に近い事故がこれまでに起こっているのです。原発の問題は、そういうところからも見えてきます。

落合　こんなに絶え間なく、いろいろなことの怖さを、何世代先にわたって引き受けて生きていかなければならないこと自体がおかしいのです。とくに子どものことを思うと、何があっても原発には「ＮＯ」と言い続けなければいけないと、あらためて考えます。

（＊35）太陽光・風力・水力・地熱などのように何度も再生され、自然現象から取り出すことが可能な、枯かつすることのないエネルギー。

（＊36）ＮＡＳＡ（アメリカ航空宇宙局）は、運用を終えた人工衛星が日本時間２０１１年９月24日午前に大気圏に突入し、金属破片が地上に落ちる可能性があると発表した。

戦争絶滅受合法案

戦争行為の開始後又は宣戦布告の効力を生じたる後、十時間以内に次の処置をとるべきこと。即ち左の各項に該当する者を最下級の兵卒として召集し、出来るだけ早くこれを最前線に送り、敵の砲火の下に実戦に従はしむべし。

一、国家の××《〔元首〕》。但し△△《〔君主〕》たると大統領たるとを問はず。尤も男子たること。

二、国家の××《〔元首〕》の男性の親族にして十六歳に達せる者。

三、総理大臣、及び各国務大臣、并に次官。

四、国民によつて選出されたる立法部の男性の代議士。但し戦争に反対の投票を為したる者は之を除く。

五、キリスト教又は他の寺院の僧正、管長、其他の高僧にして公然戦争に反対せざりし者。

上記の有資格者は、戦争継続中、兵卒として召集さるべきものにして、本人の年齢、健康状態等を斟酌すべからず。但し健康状態に就ては召集後軍医官の検査を受けしむべし。

上記の有資格者の妻、娘、姉妹等は、戦争継続中、看護婦又は使役婦として召集し、最も砲火に接近したる野戦病院に勤務せしむべし。

『長谷川如是閑集第二巻』長谷川如是閑／著　飯田泰三、三谷太一郎、山領健／編　岩波書店／刊より

〔　〕は、右掲書の編者による注記。

クレヨンハウス・ブックレット　同時発売
005『目を凝らしましょう。見えない放射能に。』
うのさえこ／著
福島から避難し、脱原発運動をしている、母でもある女性の福島第一原発事故への思いと、平和への呼びかけの詩。2011年6月11日に広島原爆ドーム前で行われた脱原発集会でのスピーチをまとめた。

高橋哲哉

たかはし・てつや／福島県生まれ。東京大学教養学部教養学科フランス科卒。同大学大学院哲学専攻博士課程単位取得。専攻は哲学。現在、東京大学大学院総合文化研究科教授。著書に、『記憶のエチカ』『歴史／修正主義』（岩波書店）、『「心」と戦争』（晶文社）、『教育と国家』（講談社現代新書）、『戦後責任論』（講談社学術文庫）、『靖国問題』（ちくま新書）、『犠牲のシステム　福島・沖縄』（集英社新書）など。

わが子からはじまる
クレヨンハウス・ブックレット　006
原発の「犠牲」を誰が決めるのか

2012年2月3日　第一刷発行

著者　高橋哲哉
発行人　落合恵子
発行　株式会社クレヨンハウス
〒107-8630
東京都港区北青山3・8・15
TEL　03・3406・6372
FAX　03・5485・7502
e-mail　shuppan@crayonhouse.co.jp
URL　http://www.crayonhouse.co.jp
表紙イラスト　平澤一平
対談写真　宇井眞紀子
装丁　岩城将志（イワキデザイン室）
印刷・製本　大日本印刷株式会社

ISBN 978-4-86101-215-0
C0336　NDC543.5
Printed in Japan

乱丁・落丁本は、送料小社負担にてお取り替え致します。